Caren Hodel

Miezverständnisse

Geschichten von der Fensterbank

LAPPAN

Mit Illustrationen von Olena Klejman

INHALTSVERZEICHNIS

DARF ICH MICH VORSTELLEN?

Während die Katzen in der Nachbarschaft anmutige Namen wie Amadeus, Leopold, Ophelia oder Penelope tragen, haben mich meine Zweibeiner Pitu getauft. Danke an dieser Stelle ... Was für eine Schnapsidee!
Abgesehen von meinem Namen habe ich mit meiner Familie aber das große Los gezogen. Als ich noch so klein war, dass ich in eine Schmuckschatulle passte, holten sie mich zu sich. Erst war ich stinksauer, weil sie meine drei

Geschwister nicht mitgenommen haben, aber nach einem wilden Roadtrip in der rollenden Blechdose war die Wut verflogen. Unser Haus ist riesig! Und der Garten erst! Da gibt es jede Menge Käfer, Mäuse und fliegende Sonderlinge, die man super übers Grundstück jagen kann. Und haltet euch fest: Ich habe sogar meinen eigenen Eingang. Wenn ich durch die Schwingtür nach draußen spaziere, fühle ich mich wie ein furchtloser Cowboy.
Aber wie in jedem guten Western gibt es auch in meinem Leben schräge Schurken. Einer sitzt leider auf meinem Lieblingssofa. Er hat Borsten im Gesicht und benimmt sich wie der Sheriff im Haus. Dabei ist er wohlgemerkt nach mir eingezogen! Er denkt wohl, nur weil er ein paar Pfund mehr auf den Rippen hat und ab und zu hübsche Blumen mitbringt, kann er den Revolverhelden spielen. Ich finde ihn blöd, weil er meinen Lieblingsjoghurt isst, auf meinem Lieblingssofa sitzt und, das Allerschlimmste: sich von meinem Lieblingsmenschen kraulen lässt! Mein Lieblingsmensch duftet süßlich, hat lustige rote Kringel auf dem Kopf und kann sensationell gut kraulen. Die mit den kurzen Beinen sagen „Mama“ zu ihr, der Stachel-Blödmann nennt sie „Haselmaus“. Für mich ist sie „Mama Haselmaus“.
Glücklicherweise sind Mama Haselmaus und ich meistens allein. Doch leider spielt sie dann gar nicht mit mir,

sondern mit dem Flimmer-Fenster. Manchmal schaut sie stundenlang hinein, als würde sie darauf warten, dass ein gebratener Vogel herausfliegt. Aber nix. Kein Fisch, kein Vogel, nicht mal eine kleine Maus springt aus dem Ding. Wobei: Einmal – ich schwöre auf meinen kuscheligsten Schlafplatz – sah ich plötzlich einen riesigen Karpfen darin. Sein silbernes Schuppenkleid glitzerte verführerisch ... Also tat ich, was ein ehrenhafter Kater tun muss: Ich schlug blitzschnell mit der Pfote zu. Aber – puff! – weg war er. Einfach verschwunden, als hätte ich ihn mir nur eingebildet. Seitdem traue ich dem Ding nicht mehr. Und dann noch diese merkwürdige Angewohnheit von Mama Haselmaus: Wenn sie vor diesem Fenster sitzt, scharrt sie wie verrückt mit den Tatzen, als wollte sie gleich ihr Geschäft erledigen. Aber es passiert nichts. Das macht mich richtig nervös.
Ihr Zweibeiner sitzt sowieso viel zu oft vor den Flimmer-Fenstern. Könnt froh sein, dass ihr mich habt – den weltbesten Personaltrainer, den man sich vorstellen kann.
Wie ich euch zu mehr Bewegung motiviere? Zunächst setze ich meinen Ich-bin-kurz-vorm-Verhungern-Blick auf, und spätestens nach zwei Minuten habe ich euch so weit. Dann folgt Stufe 2: Auf dem Weg zum Kühlschrank kreuze ich eure Laufwege und werfe mich vor eure Füße. Es ist immer wieder spannend, wie ihr diesen

Hindernisparcours bewältigt. Spoiler: meistens gar nicht. So ist es für mich zumindest auch ein amüsantes Schauspiel.

Mein bester Freund ist übrigens Odin von nebenan. Ein Pfundskerl von einem Neufundländer. Größer als ein Schafbock. Ich weiß, was ihr jetzt denkt: Hund und Kater – das passt doch gar nicht. Aber Odin ist anders. Er versteht mich wie kein anderer. Und Odin versteht die Zweibeiner, weil er schon viel länger bei ihnen wohnt als ich. Außerdem kann er die lustigsten Witze erzählen. Kennt ihr diesen: Warum sitzt eine Katze so gern auf dem Schreibtisch? Weil sie die Maus im Blick behalten muss.

Und dann ist da noch die verführerische Siamkatze mit den wunderschönen smaragdgrünen Augen von gegenüber, meine heimliche Herzensdame. Ich bin sicher, dass ich eines Tages ihr Herz erobern werde. Schließlich bin ich raketenschnell und sehr gut durchtrainiert. Nicht so wie Amadeus von nebenan, der nur mit Mühe und Not durch seine Cowboytür passt.

Ja, das bin ich, Pitu, König der Couch und furchtloser Freigeist mit einer Schwäche für Sahnejoghurt. Mein Leben ist ein einziges großes Abenteuer. Und von diesem Abenteuer werde ich euch in diesem Buch erzählen …

GOURMET AUF VIER PFOTEN

oder:
Warum Thunfisch immer die Antwort ist

Versteht mich nicht falsch, ich bin ein geduldiges Tier, ein Gentleman der alten Schule, ein Schmusekater, der durch Bescheidenheit glänzt. Aber beim Essen, liebe Zweibeiner, beim Essen hört der Spaß auf!
Beginnen wir also am besten gleich mit der kulinarischen Katastrophe schlechthin: dem Trockenfutter! Trockenfutter ist so geschmacklos wie die Hemden vom neuen Mitbewohner, dem Stachelschwein! Eine ziemlich große, aufrecht gehende Version eines Stachelschweins, wirklich merkwürdiges Kerlchen. Erinnert im Gesichtsbereich an einen verirrten Kaktus auf zwei Beinen.
Doch zurück zum kulinarischen Fauxpas. Schon nach einer kleinen Portion von dem Zeug habe ich einen Brand wie Mama Haselmaus am Neujahrsmorgen. Wie kann man ein Gericht servieren, das aussieht und schmeckt wie der Karton, in dem es geliefert wurde? Und jetzt kommt mir nicht mit dieser Zahnpflege-Leier. Meine Beißerchen kann ich auch ganz wunderbar an der Yogamatte

reinigen. Dann diese irreführenden Namen für ein Produkt, das direkt aus der Hölle zu stammen scheint. Wen wollt ihr Zweibeiner damit eigentlich veräppeln? Hallo? Brekkies? Das klingt total niedlich, schmeckt aber wie zwei Mal hochgewürgtes Gewölle. Kurzum: Trockenfutter ist etwa so verlockend wie ein Rendezvous mit dem Staubmonster. Zu dem Kollegen kommen wir später. Wir Katzen sehnen uns nach mehr. Nach Abwechslung, nach Abenteuer, nach ... Thunfisch!
Glücklicherweise gehöre ich, ein Connaisseur der feinen Gaumenfreuden, zu denen, die auch von kulinarischen Höhenflügen berichten können. Thunfisch! Diese zarte Delikatesse aus den Tiefen der Ozeane, ein Gedicht in Fischform. Thunfisch ist nicht einfach nur ein Fisch. Nein, meine Freunde, Thunfisch ist eine Lebensart. Wenn Mama Haselmaus die Dose öffnet und der himmlische Duft meine Nasenflügel kitzelt, schwebe ich im siebten Himmel. In diesem Moment sind alle Sünden vergeben, jedes Trockenfutter-Fiasko fast verziehen.

Und dann gibt es da ja noch den Sahnejoghurt! Ihr fragt euch vielleicht, weshalb ein stattlicher Kater wie ich, Meister der Mäusejagd, für diese cremige Köstlichkeit schwärmt. Diese streichzarte Verführung, die auf der Zunge zergeht wie Schnee in der Frühlingssonne. Sahnejoghurt ist besser als ein ausgiebiges Bad in Katzenminze: ein Versprechen auf Neubeginn, ein flüchtiger Moment der Glückseligkeit. Ein echter Gaumenschmeichler, so geschmeidig wie ein gekämmtes Fell am Sonntagmorgen. Das Öffnen des Kühlschranks klingt in meinen Ohren wie Musik. Auch wenn dieser süße Klang oftmals in einer Enttäuschung endet und die Zweibeiner die Köstlichkeiten allein verputzen.

Doch ab und an gibt es diese besonderen Tage. Dann angelt Mama Haselmaus zwei Schüsseln aus dem Regal, füllt sie mit Joghurt, und wir schlemmen gemeinsam auf der Sofadecke. Das ist unsere kleine Vesper, ein heiliger Moment zwischen mir und meinem Lieblingsmenschen. Ein Ritual, das unsere Herzen verbindet.

Also, liebe Zweibeiner, vertraut mir und lasst uns einen Pakt schließen. Verbannt das Trockenfutter in die tiefsten Abgründe eurer Vorratskammern und erhebt den Thunfisch zum wahren König des Katzennapfs. Mit einem Klecks Sahnejoghurt, versteht sich …

Starke Ohren

Unsere Katzenohren sind nicht nur nied-lich, sondern auch ziemlich beweglich. Insgesamt 32 Muskeln stecken in den lustigen Dreiecken auf unserem Kopf. Zum Vergleich: Ihr Menschen habt nur schlappe sechs Muskeln im Ohr. Na, wenn das mal nicht evolutionäre Faulheit ist!

Achte auf den Schwanz!

Unser Schwanz ist ein Fenster zu unserer Gefühlswelt. Wenn er hoch aufgerichtet ist, signalisieren wir damit Selbstbewusstsein und Offenheit. Schlagen wir damit jedoch energisch hin und her, ist Vorsicht geboten! Neben der Funktion als Balancehilfe dient unser Katzenschwanz also auch als ein vielseitiges Kommunikationswerkzeug.

MONDSCHEINSONATEN UND DACHKONZERTE

Verehrte Zweibeiner, es ist mir ein Vergnügen, euch heute in die tiefen Geheimnisse des nächtlichen „Katzenjammers“ einzuweihen. Ja, ich weiß, ihr denkt, das hat mit Revierkämpfen oder, nun ja, amourösen Angelegenheiten zu tun. Natürlich glaubt ihr das, weil ihr euch alles auf eure Art und Weise erklären müsst – wissenschaftlich, vernünftig, mit Formeln und Diagrammen. Ihr seid furchtbar praktisch veranlagt … Aber ich kann euch versichern, das ist nur die halbe Wahrheit.

Fangen wir an mit meinem Lieblingsplatz: der Fensterbank. Von hier aus habe ich den perfekten Blick auf den Hof, auf die merkwürdigen Dinge, die Menschen so tun, wenn sie glauben, sie seien unbeobachtet. Und vor allem: Ich habe den perfekten Blick auf den Mond!

Es war eine dieser Nächte, in denen der Mond wie eine frisch gewienerte Milchschüssel am Himmel hing – das perfekte Licht, um durch die Straßen zu ziehen. Ich schlich also zu unserer Gartenbank, kreuzte die Pfoten, strich mir die Schnurrhaare zurecht – denn Stil ist alles, versteht sich – und stimmte meine Melodie an: „Miaaaaaauuuuuuuuuuu!“ Nun könnte der Unwissende meinen, ich sei traurig gewesen. Traurig! Ich bitte euch.

Nein, das wäre doch zu einfach. Der wahre Grund für unseren nächtlichen Gesang? Der Mond natürlich! Ja, der Mond, unser alter, stiller Gefährte am Himmel. Wir Katzen wissen, dass er viel mehr ist als nur ein beleuchteter Himmelskörper. Er ist der Dirigent unseres nächtlichen Orchesters, der Taktgeber für unsere Sinfonien. Das durchdringende Miauen ist eine Ode an die Freiheit. Es ist Musik. Es ist Poesie.
Und in dieser besagten Nacht, meine Lieben, sollte etwas ganz Besonderes geschehen.
Während ich also meine Töne durch die Gassen schickte, hörte ich plötzlich ein vertrautes „Mrrroooaaaaauuuu!" vom Dach gegenüber. Das war Leopold, der elegante Streuner mit der rauchigen Stimme. Leopold hat eine Vorliebe für das Drama – er singt nicht einfach, er performt. Sein Miauen hat etwas Theatralisches, als wäre er ein Opernstar, der gerade eine tragische Liebesszene verkörpert. Er ist stolz, ein bisschen eingebildet, aber man kann nicht anders, als ihn zu bewundern. Kurze Zeit später erklang ein tiefes „Meeeeeoooooow!" – eindeutig der dicke Amadeus von nebenan, der seine Bässe meisterlich im Griff hat. Amadeus ist der Bodenständige in unserer Runde. Während Leopold von Tragödien singt, ist Amadeus eher der Typ, der die Geschichte eines saftigen Hühnerbratens erzählt. Sein Gesang hat

eine beruhigende Tiefe, wie das Grollen eines fernen Gewitters. Und dann, als hätte der Mond höchstpersönlich den Taktstock geschwungen, stimmten auch Mimi und Ophelia mit ihren hohen Sopranen ein. Mimi, die quirlige Wildkatze, die jeden Schatten wie eine neue Welt betrachtet, bringt immer eine gewisse Leichtigkeit in unseren Chor. Ihr Gesang ist verspielt, fast wie das Zwitschern eines Vogels. Ophelia hingegen hat einen ernsten, beinahe melancholischen Klang. Sie ist die Denkerin unter uns – tiefgründig, klug und mit einer gewissen Schwermut. Während unser Chor durch die Straßen hallte und die Menschen augenrollend die Schlafzimmerfenster schlossen, schien der Mond plötzlich zu lächeln. Ja, wirklich, ich schwöre es! Ein sanftes Lächeln zog sich über sein Gesicht, als ob er sagen wollte: „Gut gemacht, meine Streuner. Das war Musik in meinen Ohren." Also, liebe Zweibeiner, wenn ihr uns das nächste Mal singen hört, haltet inne. Lauscht. Vielleicht, nur vielleicht, werdet ihr einen Hauch des Geheimnisses erahnen, das wir mit dem Mond teilen. Und vielleicht werdet ihr sogar dieses Lächeln am Himmel sehen …

DER NEUE MITBEWOHNER

Es war ein ruhiger Nachmittag. Ich döste friedlich in meinem Sonnenfleck auf der Fensterbank, vertieft ins Nichtstun. Da hörte ich plötzlich ein Geräusch. Erst ein Brummen, dann ein schwerfälliges Stampfen. Ich horchte genauer hin. Hatte der Postbote endlich beschlossen, seine Lieferungen persönlich zu überreichen, inklusive Streicheleinheiten? Vielleicht ein Paket mit Thunfisch? Ich streckte mich genüsslich, schlich in den Flur und lugte vorsichtig um die Ecke. Mein Schwanz plusterte sich auf wie eine Flaschenbürste. Das war kein Postbote! Es war … Es war … der Borstenkopf. So borstelig wie die Fußmatte, auf der er stand.

Keine Panik, Pitu, sagte ich mir. *Vielleicht bleibt der nur kurz und geht dann wieder.* Doch die Taschen und Kartons sprachen eine andere Sprache.

Ich wollte gerade ein entrüstetes „Miau?!“ hervorpressen, da polterte die wandelnde Fußmatte schon mit einem riesigen Koffer in mein Revier, stellte ihn mitten im Wohnzimmer ab und holte Klamotten heraus, die so hübsch anzusehen waren wie ein halb zerkautes Haarbüschel, das man mit größtem Würgereiz gerade wieder hervorgebracht hat.

„Schön, dass du da bist!“ Mama Haselmaus begrüßte

ihn mit einem strahlenden Lächeln und einer innigen Umarmung?
Der neue „Mitbewohner“ überreichte Mama Haselmaus einen Strauß bunter Blumen. Pah, Blumen! Die kann ich auch besorgen – sogar mit Wurzeln! Dann machte es sich das Stachelschwein auf dem Sofa bequem, genau dort, wo sonst meine majestätische Präsenz den Raum erfüllt. Entsetzt sprang ich auf meine Fensterbank, um mein Revier aus der Vogelperspektive zu inspizieren – und entdeckte von dort noch etwas viel Schlimmeres. Er kraulte meine Mama Haselmaus! Und, fast noch schlimmer: Sie brachte ihm meinen Sahnejoghurt. Mit einem Löffel, der locker als Schaufel durchging. Was für eine bodenlose Frechheit!
„Gemütlich hier“, grunzte der Borstenkopf, lehnte sich genüsslich zurück und stieß ein tiefes, vibrierendes „Höhöhöhö“ aus – eine Art Lachen, das schwer nach verstopftem Staubsauger klang. In diesem Moment wusste ich: Er war gekommen, um zu bleiben.

Mein erster Versuch, den Eindringling zu vertreiben, war strategisch simpel: Ignoranz. Ich thronte majestätisch auf meinem Platz und würdigte ihn keines Blickes. Dummerweise ließ er sich dadurch nicht beeindrucken. Zeit für Plan B: subtile Sabotage! Während er duschte, stibitzte ich eine seiner Socken und verscharrte sie feierlich draußen im Kompost. Leider bemerkte er nichts, denn er zog am nächsten Tag einfach zwei verschiedene an, als wäre er ein Trendsetter.

Mir blieb also nur der gezielte Angriff! Ich spazierte in die Küche und ließ dort unauffällig einen kleinen See auf den Boden plätschern. Als der Borstenkopf hereinstampfte, rutschte er prompt aus und landete mit einem lauten Poltern auf dem Hintern. Ich schnurrte triumphierend. Endlich ein kleiner Sieg.

Doch statt wütend herumzuschimpfen, lachte er wieder dieses heisere „Höhöhöhö". Mama Haselmaus lachte mit. Und für einen Moment, einen klitzekleinen Moment, konnte ich nicht anders und dachte: Vielleicht, nur vielleicht, ist dieser Borstenkopf gar nicht das schlimmste Wesen, das je durch unsere Tür gekommen war.

Hoch hinaus!

Wir Katzen können das Fünffache unserer Körpergröße in die Höhe springen – also fast zwei Meter! Das ist, als ob ein Mensch über ein Haus hüpfen würde!

Wie viele denn nun? Sieben oder neun Leben?

Man sagt uns Stubentigern nach, wir hätten sieben Leben – zumindest in vielen europäischen Kulturen. Diese Redensart spielt auf unsere erstaunliche Fähigkeit an, uns aus gefährlichen Situationen zu befreien, etwa einen Sturz aus großer Höhe zu überleben.

Und warum sieben? Die Sieben gilt in vielen Kulturen als Glückszahl.

In einigen Ländern wie den USA oder Großbritannien spricht man sogar von neun Leben. In der Zahlensymbolik wird die Neun oft mit Magie und Stärke assoziiert, was zur geheimnisvollen Aura von uns Katzen passt. Also, sucht euch was aus. Aber egal, ob sieben oder neun Leben, wichtig ist, dass wir jedes einzelne genießen.

ROLLENSPIELE

Ihr Menschen macht schon seltsame Sachen. Zum Beispiel Socken zu kleinen lustigen Bällchen formen. Aber ihr spielt gar nicht damit. Ihr rollt sie wieder aus und stülpt sie euch über die Füße. Oder ihr steht vor dem Spiegel, lasst euch heiße Luft um die Ohren wehen und werft den Kopf hin und her, als wolltet ihr Fliegen vertreiben. Und dann die Sache mit den Kartons! Da bringt der Postbote großartigen Exemplare – richtige Prachtstücke! Stabil, geräumig, perfekt zum Reinkriechen, Rumlümmeln oder für ein gepflegtes Nickerchen. Und was macht ihr damit? Ihr tretet sie platt! Also echt mal! Manchmal stopft ihr sie aber auch voll mit … Klamotten! Aber nicht irgendwelchen Klamotten, nein, es gibt da ein streng geheimes, jahreszeitliches Ritual: Im Frühling werden die dicken, flauschigen Sachen in den Karton verbannt, im Herbst holt ihr sie wieder raus, nur um die dünnen, luftigen Fetzen reinzupacken. Und der größte Witz: Das meiste davon zieht ihr sowieso nicht an! Bin ich froh, dass mein Fell das für mich regelt.

Noch so eine komische Angewohnheit ist, dass ihr Papierrollen an die Wand hängt, die von Tag zu Tag kleiner werden. Als ich einmal versuchte, dieses Mysterium zu ergründen, wurde ich mit einem energischen „Pfoten

weg“ aus dem Bad gejagt. Ich habe keine Ahnung, was ihr Zweibeiner hinter verschlossenen Türen für Geschäfte treibt, jedenfalls geht mir diese Geheimnistuerei gehörig auf den Puschel.
Eines Tages, als die Sonne gerade beschloss, sich hinter den flauschigen Schäfchenwolken zu verstecken, stand die Tür einen Spalt weit offen. Prüfender Blick in den Flur – die Luft war rein. Meine Chance! Auf leisen Sohlen schlich ich hinein.

Da hing sie, diese mysteriöse Rolle, und winkte provozierend mit dem weißen Zipfel. Mutig pirschte ich mich ran und stupste sie zaghaft mit der Pfote an. Keine Reaktion. Ich fuhr die Krallen aus und stupste etwas energischer.

Auf einmal erwachte die Rolle zum Leben und ging zum Angriff über. Wie eine aufgeschreckte Schlange wickelte sich der Zipfel um meine Pfote. Ich versuchte ihn abzuschütteln – vergebens. Diese vorwitzige Rolle wollte kämpfen, aber da hatte sie sich mit dem Falschen angelegt! Ich stürzte mich auf sie, schwang sie herum, riss sie in Fetzen, bis der Fußboden aussah, als hätte ein Schneesturm gewütet. Plötzlich ein Geräusch. Das Türschloss? Blitzschnell huschte ich unter die Kommode und setzte meinen vom Neufundländer abgeschauten Unschuldsblick auf. Mama Haselmaus trat ein und stutzte.
Doch statt des erwarteten Donnerwetters brach sie in Lachen aus. „Du bist ja ein kleiner Papier-Picasso!“, rief sie und zückte ihr Flimmerbrummreinquatschding, um den Moment für die Ewigkeit festzuhalten. Und ich? Ich konnte nicht anders, als stolz auf mein Werk zu blicken. Ich bin nicht nur ein Kater, ich bin ein Künstler!

DER SCHRECK AUS DER ABSTELLKAMMER

Es gibt etwas im Haus, das mir noch mehr auf den Geist geht als der stachelige, blöde Borstenkopf: das Ungetüm aus der Abstellkammer. Ein graues Monstrum mit langem Rüssel, das durchs Haus tobt und gierig alles verschlingt, was nicht niet- und nagelfest ist. Meine geliebten Staubmäuse zum Beispiel. Selbst der Borsten-Blödi nimmt Reißaus, wenn das Ding zum Leben erwacht. Nur Mama Haselmaus kümmert sich um den Störenfried und lässt ihn regelmäßig zum Fressen raus. Sie hat eben ein großes Herz. Ist ja auch in Ordnung, nur jedes Mal, wenn er Freigang hat, brüllt er los und wuselt Mama Haselmaus auf Schritt und Tritt hinterher wie ein treudoofer Hund. Also ehrlich, wenn man Aufmerksamkeit will, kann man das doch bitte leiser anstellen. Er scheint zudem ein echter Hallodri zu sein, denn Mama Haselmaus sperrt ihn nach dem kurzen ohrenbetäubenden Ausgang immer wieder in die kleine Kammer. Er wird sogar an die Wand gekettet, damit er nicht ausbüxt. An seinem schwarzen Schwanz, wohlgemerkt! Boah, das sollte mal einer bei mir versuchen! Dem würde ich eine hübsche Krallenschelle verpassen. Aber vermutlich ist das Anleinen nötig, denn selbst Mama Haselmaus hat so ihre

Probleme, das Vieh zu bändigen. Ständig will es mit seiner gefräßigen Schnauze unters Sofa, Mama Haselmaus zieht es wieder zurück und so geht das durchs ganze Haus. Merkwürdigerweise sieht Mama Haselmaus manchmal gar nicht so gestresst dabei aus, ich habe sie im Kampf mit dem Saugmonster sogar schon singen gehört. Dann wirkt es eher wie eine Szene aus *Dirty Dancing*. Einfach furchtlos, mein Lieblingszweibeiner!
Einmal stand die Tür der Abstellkammer einen Spalt weit offen. Ich konnte den ganzen Tag nicht daran vorbeigehen. Ich war mir sicher, dass die hungrige Bestie nur darauf wartete, mich mit Haut und Haaren zu verschlingen! Genau wie meine süßen Wollmäuse.

Doch das alles änderte sich mit dem Einzug eines surrendes Käserads. Mama Haselmaus nannte es „Staubi“ und am Tag seines Einzugs wurde das nervige Saugmonster in den Keller gesperrt. Ich konnte endlich aufatmen, denn Staubi hatte zwar ähnliche Vorlieben wie das Saugmonster, war aber ein sehr viel angenehmerer Mitbewohner. Staubi surrte gemächlich durchs Haus. Immer hübsch in geordneten Bahnen. Niemand musste ihn am Rüssel zurückziehen! Staubi ging immer zur gleichen Zeit schlafen, wich mir respektvoll und höflich aus und machte mir nicht meine Plätze streitig. Ihm reichte die kleine Kuhle aus Kunststoff unter der Treppe. Keine Ahnung, was an diesem Körbchen gemütlich sein soll, aber Staubi war genügsam. Und richtig miau-tastisch: Ich konnte Staubi als Chauffeur nutzen! Wenn ich zu faul war, vom Wohnzimmer in die Küche zu laufen, passte ich den perfekten Moment ab, sprang auf seinen Rücken und ließ mich wie ein König durch die Räume kutschieren. Staubi hatte damit nie ein Problem. Wir waren ein echtes Team. Ja, doch, ich mochte Staubi. Zumindest bis zu jenem heißen Sommertag, als ich friedlich, alle viere von mir gestreckt, auf dem kühlen Fliesenboden ein Nickerchen hielt. Da pirschte sich Staubi hinterhältig an und schnappte nach meiner Schwanzspitze. Mir wäre fast das Fell aus dem Gesicht gefallen! Wie von der Tarantel gestochen rannte ich los, quer durch das Haus, aber Staubi ließ nicht locker. Erst ein gekonnter Zick-Zack-Haken um die Esszimmerstühle setzte ihn schachmatt. Er fuhr gegen ein massives Stuhlbein und piepte jämmerlich, um dann wie ein Käfer auf dem Rücken liegen zu bleiben. Mama Haselmaus hat den Bösewicht am Ende wieder gesund gemacht, und nach einem Tag im Körbchen nahm er in alter Frische seine gewohnten Bahnen wieder auf.

Aber für mich war die Sache nicht erledigt! Arglistig seine Freunde angreifen – so etwas macht man nicht!

Und so beschloss ich, Staubi zu sabotieren. Immer, wenn er in der Nähe war, schleppte ich Socken an und schubste kleine Murmeln in seinen Laufweg. Das brachte ihn völlig aus der Fassung. Er hustet und bekam Schluckauf. Dann blieb er hilflos stehen und blinkte wie das Feuerwehrauto der Kurzbeinigen.

Und so wurde Staubi eines glücklichen Tages in den Keller verbannt und mein alter Erzfeind, der Rüsselsauger, kehrte zurück. Ja, der ist laut, aber immerhin berechenbar. Sobald ich das donnernde Geräusch höre, gehe ich einfach rüber zu Odin und lausche seinen neuesten Witzen. Kennt ihr diesen? Warum hat das Saugmonster keine Freunde? Weil er zu viel Dreck am Stecken hat.

Das Katzen-Computer-Phänomen

Wir Katzen haben eine enorme Vorliebe für Laptops und Tastaturen. Die wissenschaftliche Erklärung: Katzen mögen die Wärme. Eigentlich wollen wir aber einfach nur die neusten Cat-Memes auschecken.

Katzen sind wie Wasser

Dank unserer unglaublichen Flexibilität können wir uns scheinbar in jede Schüssel oder Box quetschen. Man sagt uns nach, wir könnten jede Form annehmen – wie eine flauschige Flüssigkeit.

Immer schön gelassen bleiben

Ich und meine pelzigen Kollegen schlafen durchschnittlich 13 bis 16 Stunden am Tag – das macht bis zu 70 % unserer Lebenszeit aus! Wir haben die Kunst des Faulenzens eben perfektioniert, aber ... wer mehrere Leben hat, der kann auch einfach einen Großteil davon verschlafen. Ob nun sieben oder neun ...

MIAU-AMOUR

Ja, die Liebe! Sie ist wirklich das aufregendste Abenteuer, das ein Kater erleben kann. Keine Mäusejagd, kein nächtlicher Streifzug, kein Sonnenbad auf dem Fensterbrett, kein Erkunden neuer XXL-Kartons kann da mithalten. Nicht mal Schmusen mit Mama Haselmaus. Die Liebe zwischen Samtpfoten ist wie ein Sonnenstrahl auf meiner Fensterbank: warm und unwiderstehlich. Und ich, verehrte Freunde, habe in diesem Abenteuer einen wahren Schatz gefunden!

Alles fing mit dieser atemberaubenden Siamkatze an, die nebenan einzog. Luna. Ihre Stimme weich wie Sahne, ihr Duft – betörend! Und dieser Gang – ich habe noch nie ein Wesen auf vier Pfoten erlebt, das so elegant die Treppenstufen emporsteigt. Aber am schönsten sind ihre Augen – smaragdgrün und glänzend wie eine Wiese im Morgentau.

Tag für Tag beobachtete ich sie von meiner Fensterbank. Wie sie sich anmutig auf der Mauer sonnte und ihr seidiges Fell dabei in der Sonne glänzte. Wenn sie an mir vorbeistolzierte, spürte ich ein Kribbeln unter den Pfoten und mein Herz hüpfte vor Glück.

Was habe ich nicht alles versucht, um ihr zu gefallen! Ich brachte ihr gejagte Mäuse und den frischesten Fisch,

den ich in den Mülltonnen finden konnte. Doch sie warf nur einen müden Blick auf meine kulinarischen Schätze, schnupperte kurz und spazierte gelangweilt davon.
Um zu zeigen, wie mutig ich bin, kletterte ich auf den höchsten Baum im Garten. Luna, die gerade dabei war, sich zu putzen, schaute tatsächlich kurz zu mir hoch. Dann gähnte sie und widmete sich wieder ihrer Körperpflege, die offenbar spannender war als meine Heldentat.
Und dann war da noch meine Serenade bei Mondschein. Ich saß auf dem Gartenzaun und sang aus voller Kehle: „Miauuu, miauuu, Luuuna!" Ich wartete auf einen Sturm der Begeisterung, doch stattdessen stürmte nur der Nachbar mit einem Eimer Wasser heraus und donnerte: „Hör auf zu jaulen, verdammte Nervensäge!"
Geschlagen zog ich mich zurück. Das Regenwetter dieser Woche passte perfekt zu meiner düsteren Stimmung. Stunde um Stunde saß ich da auf der Fensterbank und folgte mit den Augen den Regentropfen an der Scheibe. Und während ich so dasaß, sah ich plötzlich verschwommen etwas durch unseren Garten schleichen. Der dicke Amadeus konnte es nicht sein, dafür war die Bewegung viel zu geschmeidig. Ein Eindringling? Wie der Blitz rannte ich raus und machte am Gartenzaun eine Vollbremsung. Vor mir stand ein zauberhaftes Wesen mit magischen Augen, die vor Abenteuerlust funkelten. Die

Ohren standen leicht schräg, als hörte sie eine Musik, die niemand sonst hören konnte. Ihr zerzaustes Fell war schwarz-weiß getigert, aber nicht irgendwie: Es sah aus, als hätte ein Malermeister mit geschlossenen Augen ein wildes Meisterwerk erschaffen.

Sie blinzelte langsam, der Katzencode für „Hey, Süßer, ich mag dich". Und so kam es, dass wir den verregneten Nachmittag zusammen unter dem Schuppendach verbrachten, das Regenprasseln über den Köpfen und die ganze Welt zu unseren Pfoten …

Sie heißt Mimi. Mimi zeigt mir ihre besten Verstecke und feinsten Sonnenflecken. Zusammen erkunden wir alte Hinterhöfe und spielen in der verlassenen Lagerhalle Fangen. Nachmittags jagen wir Schmetterlinge und nachts die Sterne. Und dabei miauen wir so quietschvergnügt, dass der Nachbar inzwischen zwei Eimer Wasser parat stehen hat.

Wenn wir Katzen wirklich neun Leben haben, will ich eines nur damit verbringen, Mimi anzusehen.

Und Luna? Die geht mir jetzt gepflegt am Pelz vorbei. Ich habe Mimi – und das ist mehr, als ich mir je erträumt habe.

JÄHRLICHER KATERJAMMER

Ich bin ein sehr sensibler Kater und merke sofort, wenn sich was zusammenbraut. Mein Schnurrhaarradar wittert Ärger drei Kilometer gegen den Wind. So schwante mir schon Böses, als Mama Haselmaus mich in aller Herrgottsfrühe mit dieser Zuckerwattestimme weckte. Normalerweise darf ich schlummern, solange ich möchte. Schlaftrunken reagierte ich, der Gepard der Wohnzimmersteppe, einen Hauch zu spät und ehe ich mich versah, steckte ich im Plastikknast. Ich verabscheue dieses Ding! Mehr noch als den Borstigen! Weil der Ausblick und die Platzverhältnisse doch stark zu wünschen übrig lassen. Und das ist nett ausgedrückt. Das Ding ist so winzig, dass sogar eine Sardine Platzangst bekäme.

Ohne um Erlaubnis gefragt zu werden, wurde ich in den rollenden Blechkasten verfrachtet – ein Ding, das schlimmer ruckelt als diese brüllende Trommel, die Mama Haselmaus ständig mit Klamotten füttert. Meine inneren Alarmglocken schrillten nun in voller Lautstärke. „Alles wird gut, Pitu!“ Die Worte von Mama Haselmaus waren so tröstlich wie eine leere Dose Thunfisch. Ich heulte jämmerlich. Aber es half nichts. Wenig später waren wir an diesem schrecklichen Ort. Es roch nach Reinigungsmittel und … Angst. Durch meine Gitterstäbe erspähte ich die schrulligsten Gestalten: einen sabbernden Boxer, der aussah, als hätte er gerade seinen letzten Kampf verloren. Und eine Perserkatze, so prall, dass ich Sorge hatte, sie könnte jeden Moment platzen. Ich hatte alle Mühe, die Contenance zu wahren.

Der krönende Höhepunkt unserer fragwürdigen Exkursion ließ nicht lange auf sich warten: ein Zweibeiner in Weiß, der mich auf einen kalten Metalltisch hob und von allen Seiten beäugte. „Na, mein Großer, bereit für die Impfung?“, fragte er und grinste dabei wie Shir Khan. Ich schwöre: Die Nadel, die er in der Hand hielt, war groß genug, um einen Elefanten zu betäuben! Wie

das brannte! Okay, ehrlich gesagt nicht so sehr, wie ich befürchtet hatte …

Nach der Prozedur wurde ich wieder in meine Gitterkiste gesperrt und fühlte mich, als hätte ich gerade eine Flucht aus Al*cat*raz überlebt. Das Martyrium war zwar vorbei, doch der Schock saß tief.

Zu Hause angekommen, hob mich Mama Haselmaus auf meine Lieblingsdecke und servierte mir Thunfischpastete. Ich gebe zu, das hat geholfen.

Während ich genüsslich schnurrend meine Belohnung verschlang, brummte mein Hirn auf Hochtouren wie ein Formel-1-Motor: Wie konnte ich beim nächsten Mal vermeiden, in die Folterzelle gesteckt zu werden, und gleichzeitig mehr von diesem göttlichen Zeug bekommen? Na logo: Ich würde krank spielen! Nicht so krank, dass ich im Plastikknast zu Shir Khan muss, aber gerade so krank, dass ich Streicheleinheiten und Leckerlis erntete. Ich schnurrte lauter bei dem Gedanken an die bevorstehende Gourmet-Behandlung und warf Mama Haselmaus einen mitleiderregenden Schmollblick zu, der in etwa sagte: „Das war wirklich die Hölle, aber für einen täglichen Klecks Joghurt wäre ich bereit, großzügig über den Fauxpas hinwegzusehen."

KATER ALLEIN ZU HAUS

Alles begann mit einem Koffer. Und dann noch einem. Und … einem dritten.
Mama Haselmaus rannte durch die Zimmer wie eine Aufziehmaus, packte Dinge ein, die sie vorher noch nie in der Hand gehabt hatte, und gab dabei den Kurzbeinigen und ihrem stacheligen Komplizen Anweisungen. Die Kurzbeinigen hüpften kreischend durch die Gegend, als hätten sie gerade eine Vorratskammer voller Eiscreme entdeckt. Irgendetwas lag in der Luft. Es roch nach … Veränderung.
Dann fiel das Wort: Urlaub. Ich spitzte die Ohren. Urlaub klang für mich nach einer Katastrophe. War das nicht dieser Zustand, in dem Zweibeiner einfach verschwanden und einen mit dem unheimlichen Staubmonster oder, noch schlimmer, einem Vorrat voller Trockenfutter allein zurückließen?
„Keine Sorge, Pitu“, sagte Mama Haselmaus mit ihrer Zuckerwattestimme und streichelte meinen Kopf, als könnte das meine düsteren Gedankenwolken vertreiben. „Du bist in besten Händen.“
In besten Händen? War das ein schlechter Scherz? Denn da kam er. Der Katzensitter. Mit einer Tasche, die so groß war, dass ich kurz dachte, er wollte mich

darin entführen. Der Typ war jung, hatte viel zu saubere Schuhe und roch wie ein frisch gepflückter Blumenstrauß. Ein Duft, der mich sofort misstrauisch machte.

Mama Haselmaus erklärte ihm ausführlich, wie man mich füttert (Thunfisch, keine Kompromisse!), wie oft ich gekrault werden muss (ständig natürlich), und dass ich sehr empfindlich bin, wenn es um meinen persönlichen Platz auf dem Sofa geht. Der Typ nickte eifrig, aber ich war mir sicher: Er hatte nichts verstanden.

Am nächsten Tag waren sie weg. Alle. Das Haus? Totenstill. Und ich? Allein. Ich schlich durch die leeren Zimmer, schnüffelte an jeder Ecke. Einsamkeit … oder eine einmalige Gelegenheit? Sollte ich trauern oder eine fette Party schmeißen? Die Entscheidung fiel, wie es sich gehört, an meinem Lieblingssonnenfleck: feiern! Endlich freie Bahn für all die Dinge, die sonst streng verboten waren!

Ich begann mit der Küche. Ein eleganter Sprung auf die Arbeitsfläche, aber da war … nichts. Die Zweibeiner hatten gründlich sauber gemacht. Keine Milchreste, keine Krümel, nicht mal ein einsames Stückchen Käsepapier. Was für ein Katzenjammer!

Mein nächster Stopp: das Wohnzimmer. Dort stand das Bäumchen von Mama Haselmaus, das mich schon immer faszinierte. Normalerweise fuchtelt sie wild mit

den Händen und ruft „Nein, Pitu!“, wenn ich nur in die Nähe der grünen Blätter komme. Aber diesmal war niemand da, um mich zu bremsen.
Vorfreudig sprang ich in den Topf. Die Erde roch herrlich und fühlte sich flockig leicht an – viel fluffiger als draußen im Garten. Ich grub meine Pfote hinein, nur ein bisschen. Es war unmöglich, aufzuhören. Bald hatte ich eine richtige Grube ausgehoben, die Wurzeln der Pflanze freigelegt und die Erde gleichmäßig über den Teppich verteilt.

Als Nächstes ging ich zum Schlafzimmer. Die Tür war zu. Wie immer. Aber die Zweibeiner unterschätzen meinen Einfallsreichtum. Mit einem gezielten Satz landete ich auf der Kommode, balancierte kurz, dann streckte ich mich zur Klinke und drückte sie entschlossen nach unten. Doch die Tür bewegte sich keinen Millimeter. Abgeschlossen! Boah, fies! Ich ließ mich empört davor nieder und begann mein bestes Schmollgesicht aufzusetzen, als es plötzlich an der Wohnungstür raschelte. Der Katzensitter!

Als er die Erde auf dem Teppich sah, begann er, alles maulend zusammenzufegen. Ich maulte auch, weil ich Hunger hatte. Aber statt Thunfisch packte er aus seiner Wundertüten-Tasche nur ein Spielzeug aus: eine Feder an einer Schnur, die er mir begeistert vor die Nase hielt. Ernsthaft? Ich, ein eleganter Jäger mit scharfen Instinkten, sollte auf einen gefiederten Witz hereinfallen?

Der Typ ließ wirklich nichts unversucht. Auf sein endloses Gequatsche folgten Leckerlis (semi-erfolgreich) und dann legte er alles in die Waagschale: Er sprang auf allen vieren herum und gab Laute von sich, die irgendwo zwischen Tischkreissäge und sterbendem Waschbär lagen. Ich war beeindruckt – von seiner Ausdauer, nicht von seiner Darbietung.

Am zweiten Tag kam er wieder. Diesmal hatte er – zu meiner Überraschung – Thunfisch dabei. Punkt für ihn. Ich ließ mich dazu herab, ein wenig zu schnurren, während ich genüsslich den köstlichen Fisch verzehrte. Vielleicht war er doch nicht ganz so nutzlos. Nach dem Essen wollte er spielen. Ich tat so, als wäre ich nicht interessiert, und dann, im letzten Moment, sprang ich auf die Feder. Nur ein kleiner Spaß, um ihn nicht völlig zu entmutigen.

Am dritten Tag begann ich meinen Katzenanimateur tatsächlich ein wenig zu mögen. Er hatte verstanden, dass ich der Chef war, und brachte nun regelmäßig Sahnejoghurt mit. Außerdem war er ziemlich gut darin, mir den Bauch zu kraulen. Nicht so perfekt wie Mama Haselmaus, aber er gab sich Mühe.

Und dann, als ich mich gerade an das Leben als Herr des Hauses gewöhnt hatte, kehrten sie zurück. Mama Haselmaus, der Borstige, die Kurzbeinigen – alle! Sie rochen nach fremden Orten, Meerwasser und Sand. Und sie hatten mir ganz schön doll gefehlt.

Am Abend saßen wir alle wieder vereint auf dem Sofa. Ich schnurrte wie ein Weltmeister und sah Mama Haselmaus tief in die Augen. Die Botschaft war klar: Nie. Wieder. Ohne. Mich. Und falls doch … Dann werde ich mich einfach rechtzeitig im Koffer verstecken.

Vielleicht passt der miauende Katzenanimateur mit der Spaßfeder ja auch noch mit rein.

SCHIRM DER SCHANDE

Es gibt Momente im Leben eines Katers, die werfen grundlegende Fragen auf. Zum Beispiel: Warum? Warum ich? Gut, vielleicht hatte ich ab und an eine Vase vom Tisch geschubst oder ein paar Blumen neu drapiert. Aber verdient hatte ich das sicher nicht. Ich bin kein schlechter Kater. Und doch saß ich da wie ein begossener Pudel, mit einem Plastikkragen um den Hals – einem steifen, weißen Albtraum, der jede Würde im Keim erstickte.

Alles begann mit Thunfisch. Tagelang gab es ihn, saftig und duftend, serviert in meiner Lieblingsschale. Ich schnurrte wie ein Motorboot, nichts ahnend, dass ich gerade auf direktem Kurs ins Verderben steuerte.

Dabei hätte ich es besser wissen müssen. Die plötzliche Fürsorglichkeit von Mama Haselmaus, die sorgenvollen Blicke, die Extraportion Sahnejoghurt. All das hätte mich misstrauisch machen sollen. Aber nein, ich genoss mein Festmahl und schlief den Schlaf des Ahnungslosen.

Und dann, am Morgen nach dem letzten Abendmahl, brachten sie mich zum Zweibeiner in Weiß. Dem mit dem Shir-Khan-Grinsen. Das Letzte, was ich sah war eine Spritze. Als ich aufwachte, steckte mein Kopf in einem würdelosen Lampenschirm, und – oh Graus! – etwas von mir fehlte. Etwas, das mir sehr am Herzen gelegen hatte. Man hatte mich meiner Kronjuwelen beraubt! Ich fühlte mich wie ein König ohne Zepter, wie ein Baum ohne Blätter, wie ein Napf ohne Thunfisch.

„Weniger ist mehr", behauptet ihr Zweibeiner ja gerne. Das sehe ich in diesem Fall entschieden anders! Ich, König des Reviers, Herrscher der Hinterhöfe, Don Juan der Dachböden, zum Stubentiger degradiert. Und dann dieser Kragen – als wäre der Verlust meines kleinen Katerschmucks nicht schon schlimm genug! Keine nächtlichen Streifzüge mehr durch die Gärten, keine eleganten Sprünge über Zäune. Stattdessen: das Gefängnis der vier Wände, veredelt durch diesen unsäglichen Kragen. Meine Eleganz und Coolness waren dahin. Mein Schirm eckte an Türen an, schrammte an Möbeln entlang und prallte sogar gegen meinen eigenen Futternapf. Eine Blamage sondergleichen! Und das Ding kratzte – vor allem an meinem Ego. Ich konnte mich nicht mehr würdig putzen, geschweige denn hinter den Ohren schubbern.

„Es ist nur zu deinem Besten, Pitu", hatte Mama Haselmaus gesagt, als sie mir das Ding angelegt hatten. Meine Mama Haselmaus, die Frau, die ich sonst über alles liebe. Zu meinem Besten? Das behaupten Zweibeiner immer, wenn sie etwas wirklich Haarsträubendes angestellt haben.

Mitten in meinem Selbstmitleid hörte ich ein vertrautes Geräusch: das träge Kratzen dicker Pfoten an der

Katzenklappe. Amadeus von nebenan ließ sich mit der Grazie eines umfallenden Kartoffelsacks nieder. „Na, Lampenschirm?“, brummte er. „Alles überstanden? Willkommen im Kreis der königlichen Eunuchen.“
Ich hob meinen Kopf – soweit das mit dem blöden Schirm möglich war. „Mama Haselmaus sagt, dass soll zu meinem Besten sein. Aber ehrlich, was bringt mir das?‘, fauchte ich.
„Freiheit, mein Freund! Keine Verpflichtungen, keine Konkurrenzkämpfe, kein nächtliches Balzgeheul mehr. Glaub mir, du wirst es lieben.“
Ich starrte ihn an. Freiheit? Konnte das stimmen? Schließlich hatte ich jetzt nichts mehr zu verlieren – buchstäblich.
„Und außerdem“, fuhr er fort, „weniger Gewicht untenrum. Das macht dich schneller und wendiger, echt jetzt!“
„Wendiger?“ Ich zog skeptisch die Stirn in Falten.
„Na klar!“ Amadeus leckte sich genüsslich die Pfote. „Du wirst Mäuse fangen, bevor sie überhaupt wissen, dass du da bist. Und diese Sprünge von der Fensterbank zum Schrank? Ein Kinderspiel!“
Ich ließ seine Worte auf mich wirken. Wendigkeit, Sprungkraft, Präzision – alles, was einen echten Jäger ausmacht … Vielleicht hatte der Dicke recht. Vielleicht war die Welt nicht gegen mich, sondern bereit für eine neue, bessere Version von mir.

Katzen, Kartons und Kisten

Meine Vorliebe für Kartons ist kein Einzelfall. Wir Katzen können die luxuriösesten Betten ignorieren, wenn ein Karton in der Nähe ist! Diese pappigen Freunde sind nicht nur tolles Spielzeug, sondern auch ein sicherer Rückzugsort.

Kopfwackeln beim Springen

Bevor wir springen, machen wir oft ein kleines „Kopfwackeln". Es sieht aus wie eine komische Tanzbewegung, hilft uns aber tatsächlich, die Entfernung zum Ziel einzuschätzen. Ja, gut, etliche Katzenvideos im Internet beweisen das Gegenteil, aber so hat sich die Natur das zumindest gedacht.

„Miau" ist Menschensprache

Wir Stubentiger miauen fast ausschließlich, um mit euch Menschen zu kommunizieren. Untereinander verwenden wir eher Körpersprache, Fauchen oder Schnurren – wir „sprechen" also speziell für euch! Das ist doch mindestens einen Sahnejoghurt wert!

ZWISCHEN KIESELQUAL UND KRAGENPFLICHT

Gerade, als ich dachte, die Schande des Lampenschirms sei mein absoluter Tiefpunkt, zeigte sich, dass das Leben immer noch eine Schippe drauflegen kann – buchstäblich. Und so fand ich mich vor meinem nächsten Gegner wieder: dem sogenannten Katzenklo.

Ein Affront sondergleichen! Wir Katzen – elegant, majestätisch, Herrscher der freien Natur – sollen unser Geschäft in einer Plastikwanne erledigen, gefüllt mit etwas, das aussieht wie Bauschutt und Styropor in mieser Mischung? Warum nicht ein Untergrund, der nach Luxus riecht und sich anfühlt wie Kaschmir unter den zarten Pfoten? Das ist doch nicht zu viel verlangt!

Mein erster Versuch, mich mit diesem trostlosen Ort zu arrangieren, endete in einer Katastrophe, die jeden Slapstick-Filmpreis gewonnen hätte. Der Schirm – dieses Folterinstrument – verhakte sich am Rand des Katzenklos, ich verlor das Gleichgewicht, und ein Schwall Katzenstreu ergoss sich wie eine Mini-Lawine über den Badezimmerboden. Mama Haselmaus schaute genauso bedröppelt aus der Wäsche wie ich.

Und der Geruch! Das soll „Natur" sein? Mich erinnerte das eher an das Wischmopp-Wasser von Mama

Haselmaus. Ich schloss die Augen und stellte mir eine bessere Welt vor, in der Katzenklos nach frisch gemähtem Gras oder wenigstens nach feuchter Erde dufteten. Am nächsten Morgen, in einem letzten verzweifelten Fluchtversuch, wollte ich durch meine Cowboyklappe in die Freiheit schlüpfen. Doch der Schirm, dieses teuflische Accessoire, machte mir einen Strich durch die Rechnung – er war einfach zu breit! Ich prallte gegen die Klappe, die daraufhin zurückschnellte und mir mit voller Wucht ins Gesicht knallte.

Frustriert trottete ich zurück zur Plastikwanne. Stilvoll darin drehen? Ohne Schirm schon eine Herausforderung, mit Schirm eine geometrische Unmöglichkeit.
Nachdem ich mir ein drittes Mal die stinkende Streu in den Schirm geschaufelt hatte, platzte mir endgültig der Kragen – leider nur im übertragenen Sinn.
Meine Geduld war am Ende, und ich beschloss, eine klare, unmissverständliche Botschaft zu hinterlassen: eine zarte, aber präzise platzierte Pfütze. Direkt dort, wo die Zweibeiner morgens durchspazieren.
Das Ergebnis? Ein Wunder! Der Schirm kam ab! Freiheit! Mit einem leisen „Klack“ erlösten mich die Zweibeiner vom Folterinstrument. Und ich? Raste wie eine Rakete hinaus in den Garten, wo die Luft nach Abenteuer roch und der Rasen meine Pfoten kitzelte.
Tja, was soll ich sagen, Leute, ab sofort bin ich wieder draußen im Geschäft. Und das Katzenklo? Wisst ihr was, ich hatte da einen genialen Geistesblitz: Warum nutzt ihr diese Plastikwanne nicht für eure Klamotten? Sortiert sie nach Farbe, Saison oder einfach nach eurer verrückten menschlichen Logik. Und ich? Ich nehme im Tausch die Kartons – alle. Ihr habt Ordnung, ich habe mein Königreich aus Pappe. Win-win.

DER TAG, AN DEM DER TANNENBAUM FIEL

Als ich diese riesige grüne Tanne im Wohnzimmer erblickte, fielen mir vor Schreck fast die Schnurrhaare aus. Ein Kratzbaum in XXL? Mein Geburtsgeschenk? Wie aufregend! Nur, ähm, Moment mal: Mein Geburtstag war doch erst im Sommer gewesen und eigentlich finde ich Kratzbäume ja auch total langweilig. Aber dieses Exemplar war anders. Mein Spieltrieb war sofort geweckt und wie in Trance steuerte ich auf die funkelnden Kugeln zu, die an ihm hingen. Eine schillernder als die andere – manche perfekt auf Katerkopfhöhe. Ein kleiner, eleganter Stups mit der Pfote, und sie schwangen lustig hin und her. War dieses vorzeitige Geburtstagsgeschenk schon wieder ein Vorbote auf einen Besuch beim weißen Zweibeiner? Doch was soll einem Kater noch passieren, dem sein wertvollster Schmuck bereits genommen wurde? Ich konnte einfach nicht widerstehen und stupste die nächste glänzende Kugel an. Mama Haselmaus schien meine Begeisterung gar nicht zu teilen. „Schsch, Pfoten weg“, zischte sie. Das soll mal einer verstehen! Da stellt sie diesen riesigen Baum extra für mich auf, hängt lauter tolle Spielsachen dran – und dann verbietet sie mir, damit zu spielen?

Während ich noch darüber nachdachte, wie ich ganz unauffällig eine der bunten Kugeln in mein Geheimversteck

unter dem Sofa schmuggeln könnte, entdeckte ich an der Baumspitze etwas noch Aufregenderes: einen glitzernden, funkelnden Stern! Den musste ich haben!
Doch bevor ich losspringen konnte, klingelte es. Dingdong. Mama Haselmaus ging zur Haustür. Dann hörte ich die Stimme des Postboten, freundlich und laut, wie immer. Jetzt hatte ich freie Bahn! Die funkelnden Lichter um mich herum und der Duft der Nadeln machten meine Klettertour zu einem echten Abenteuer. Doch der Weg nach oben war beschwerlicher als gedacht. Die Äste pieksten unangenehm, und das ganze Ding wackelte gefährlicher als Mama Haselmaus auf ihren neuen hohen Schuhen.
Je höher ich kletterte, desto mehr bogen sich die Äste unter meinen Pfoten. Aber ich war unaufhaltsam. Der Stern an der Spitze zog mich magisch an. Nur noch ein kleines Stück, dachte ich, als der Baum bedrohlich ins Wanken geriet. Die Kugeln klirrten – und dann passierte es: Wie in Zeitlupe segelte ich mit dem Baum zu Boden. Nadeln rieselten auf den Teppich, Kugeln rollten in alle Richtungen, und die Lichterkette flackerte aufgeregt.
Mama Haselmaus kam voll beladen hereingestürmt, sah das Chaos und ließ vor Schreck die Pakete fallen. Ihre Augen wurden so groß wie die Kugeln, die jetzt überall auf dem Boden herumlagen. Wie der Blitz schoss ich zwischen die Zweige des umgestürzten Baumes. Mein Herz klopfte wild, denn ich ahnte, dass ein großes Donnerwetter auf

mich zukommen würde. Ich duckte mich tief zwischen die Äste, mein Fell voller Tannennadeln, und wartete auf das Unvermeidliche. „DAS … war's, Freundchen!“ Mama Haselmaus klang entsetzt. Dann kam das Stachelschwein ins Wohnzimmer geschlurft. Er musterte die Bescherung und dann mich, halb versteckt zwischen den Zweigen. „Raus mit dir, Kollege“, brummte er in seiner tiefen Stimme. Widerwillig kroch ich mit angelegten Ohren aus meinem Versteck und suchte das Weite.

Eine gefühlte Ewigkeit später durfte ich endlich wieder hinein. Doch der Baum war nicht mehr derselbe. Er stand jetzt leicht windschief, und seine Spitze war abgeknickt. Der glitzernde Stern, der so unwiderstehlich gewesen war, lag zerbrochen auf dem Tisch. Oje, das war wirklich keine Glanzleistung von mir gewesen.

Am Abend, als die Lichter im Wohnzimmer wieder erstrahlten, saßen wir dicht aneinandergekuschelt vor dem schiefen Baum auf dem Sofa. Selbst das Stachelschwein war dabei und störte mich fast gar nicht. Ich war aus irgendeinem Grund ganz beseelt. Wer braucht schon einen funkelnden Baumstern, wenn ein viel schönerer Stern direkt neben einem sitzt?

FELLOSOPHISCHE GEDANKEN

oder: Was ihr Menschen von uns lernen könnt

Ich beobachte euch Zweibeiner ja nun schon eine ganze Weile – wie ihr so durch die Gegend stolpert und euch das Leben unnötig kompliziert macht. Da frage ich mich manchmal: Könntet ihr nicht ein klitzekleines bisschen mehr wie wir Katzen sein? Ernsthaft, euer Leben wäre mindestens neun Mal entspannter. Ich, der Profi in Sachen Gelassenheit, verrate euch mal, mit welchen Tricks das funktioniert. Keine Sorge, ich fange gaaaanz gemächlich an – so wie ich es auch beim Aufstehen mache.

Schlaf ist Balsam für die Seele

Ihr Menschen und eure ständige Eile! Jeden Morgen das gleiche Spektakel: Ihr quält euch aus dem Bett, hetzt herum wie kopflose Hühner, stopft irgendeinen traurigen Toast in euch rein und zack – seid ihr verschwunden. So startet man doch keinen Tag, Leute! Da lohnt es ja noch nicht mal, einen guten Morgen zu wünschen. Wie ein guter Morgen aussieht? Zuerst laaaang und genüsslich strecken, als würde man die Zeit selbst dehnen. Dann in aller Ruhe den Blick schweifen lassen: Hat sich irgendwas verändert? Sind die Sonnenstrahlen an ihrem gewohnten

Platz? Ist der Futternapf gefüllt? Liegt die Plüschmaus bereit zum Spielen? Und schließlich die wichtigste Frage: Lohnt es sich überhaupt, aufzustehen? Meistens nicht. Bleibt doch einfach noch ein bisschen liegen, denn nur ein ausgeruhter Kopf hat Platz für schöne Gedanken. Ach, ihr habt zu viel zu tun? Klingt verdammt nach einem selbstgemachten Problem. Ihr solltet lernen, euch dem Zauber des Müßiggangs hinzugeben. Ich meine, ihr seid doch diejenigen mit nur einem Leben! Und damit das nicht im Stress endet, solltet ihr den Tag einfach ein bisschen ruhiger angehen.

Gutes Essen will gefeiert werden

Ich habe ja keinen Schimmer, was bei euch Menschen so auf dem Teller landet, ihr lasst mich ja selten probieren, aber wenn ich sehe, wie ihr im Stehen euer Essen hinunterschlingt, da wird mir regelrecht schwindelig vor Unverständnis – flauschig im Kopf, versteht ihr? Wir Katzen machen es vor. Ein guter Bissen ist nichts weniger als ein Fest! Der will zelebriert werden.

Das Jetzt ist alles, was zählt

Manchmal beobachte ich euch, wie ihr wie hypnotisierte Makis mit diesem kleinen leuchtenden Ding in der Hand durch die Wohnung irrt. Ihr nennt es „Handy“, ich nenne es „Zeitfresser“, weil es eure Lebenszeit frisst wie ich die Käse-Lachs-Snackies aus der kleinen roten Futterdose von Mama Haselmaus! Seht mich an: Ich liege hier, perfekt drapiert auf dieser sonnigen Fensterbank, das Fell auf angenehmster Temperatur, und lasse einfach die Welt an mir vorbeiziehen. Wolken, Hummeln, vielleicht ein neugieriges Blatt im Wind – mehr braucht's nicht zum Glücklichsein. Ehrlich, wofür der Stress, die Hektik, das ständige Wischen und Tippen auf den kleinen Zeitfressern, wenn der einzelne Moment so schnurrend schön ist?

Weniger tun, mehr genießen

Und dann eure endlosen To-do-Listen! Allein das Wort klingt wie ein Albtraum in Papierform. Mit einer nicht enden wollenden Flut an Aufgaben, die nur darauf warten, euch die Laune zu ruinieren. Dies erledigen, jenes abhaken, und hoppla, schon ist der Tag wieder rum. Als erfahrener Kater habe ich nur einen weisen Rat für euch: Macht weniger! Viel weniger. Oder noch besser: Macht gar nichts. Setzt euch hin, atmet tief durch und fragt euch: Muss das wirklich jetzt erledigt werden? Spoileralarm: Wahrscheinlich nicht. Und wenn doch? Dann lasst es jemand anders machen – schließlich seid ihr Menschen doch berüchtigt für euer Talent, Aufgaben weiterzureichen. Wir Katzen haben das längst durchschaut. Energie ist kostbar, Bewegung ist ... sagen wir mal, optional. Mein Lebensmotto? Nicht zu handeln, ist manchmal die klügste Form des Handelns (Streicheleinheiten natürlich ausgenommen). Spart euch den Aufwand und gönnt euch lieber das süße Nichtstun.

Kommunikation funktioniert auch wunderbar ohne Worte

Ihr Menschen seid mir ein echtes Rätsel: Ihr redet und redet, als ob ihr Angst hättet, euch könnte der Sauerstoff ausgehen, wenn ihr mal kurz den Mund haltet. Entschuldigt, aber das ist doch anstrengend – für euch und für alle, die zuhören müssen. Kommunikation funktioniert auch ganz wunderbar ohne endloses Geplapper. Nehmt uns Katzen als Vorbild – wir beherrschen die Kunst der wortlosen Kommunikation. Wenn zum Beispiel meine

Ohren zucken, ist das kein Zufall. Das ist feinstes Katzentelegramm, und die Botschaft lautet: „Ich bin nicht amüsiert.“ Also, merkt euch: Ein Ohrzucken ist wie das Flackern einer Glühbirne – ein Signal, dass die Stimmung kippen könnte. Ein Um-die-Beine-Schlängeln hingegen bedeutet pure Wiedersehensfreude. Ein tiefer, bedeutungsvoller Blick? Für uns Katzen ein epischer Roman in Augenform! Und unser Schwanz? Ah, eine Kunst für sich! Wie ein Pinsel, mit dem wir die Luft um uns herum bemalen. Ein sanftes Hin- und Herschwingen ist unsere Art zu sagen: „Ich bin entspannt, aber beeindruck' mich ruhig.“ Wenn die Spitze zittert wie ein Grashalm im Wind, ist die Botschaft eindeutig: „Worauf wartest du noch? Spiel' mit mir!“ Kurzum: Versucht es mal mit weniger Worten und mehr subtiler Mimik – ihr werdet überrascht sein, was wohlplatziertes Augenrollen und stummes Stirnrunzeln bewirken können.

Tobt euch aus!

Ihr Menschen nehmt das Leben viel zu ernst. Ihr solltet viel öfter Dinge tun, einfach weil sie Spaß machen – ohne To-do-Liste, ohne Plan, ohne Netz und doppelten Boden. Schaut euch uns Katzen an: Wenn ich durch die Wohnung flitze wie eine Rakete auf vier Pfoten, tue ich das nicht, weil es sinnvoll ist. Ich tue es, weil es herrlich ist! Und

Verstecken spielen? Der pure Nervenkitzel – vor allem, wenn ich plötzlich aus dem Nichts hervorspringe und jemanden erschrecke. Euer Gesicht dabei? Unbezahlbar. Klar kann dabei mal eine Vase zu Bruch gehen, aber Scherben bringen doch Glück, oder? Also seid dankbar, dass ich euch aktiv bei der Verbesserung eures Lebens helfe. Wer immer brav und vorsichtig bleibt, verpasst das Beste: das süße Chaos, das den Alltag lebendig macht. Also, lasst mal das innere Kätzchen raus. Flitzt, springt, spielt – und wenn dabei etwas umfällt? Noch besser. Denn nur wer das Leben ein bisschen durcheinanderwirbelt, spürt wirklich, dass er lebt.

Entspannt euch!

Das Leben ist wirklich nicht so kompliziert, wie ihr es euch immer macht. Ihr hetzt, plant, redet – als würde die Welt auseinanderfallen, wenn ihr einmal nichts tut. Dabei ist das Geheimnis ganz einfach: Legt euch öfter hin und genießt, was gerade da ist. Ein gutes Futter? Wunderbar. Ein gemütlicher Platz in der Sonne? Perfekt. Ihr glaubt, ihr müsst immer etwas „Sinnvolles" tun? Unsinn! Der Moment, in dem ihr mal innehaltet, ist der sinnvollste überhaupt. Denn der kommt so schnell nicht wieder. Macht das Beste daraus – und wenn ihr mal nicht wisst, was das ist: Tja, schaut einfach mich an.

Caren Hodel wurde 1976 in Bruchsal geboren. Caren arbeitet als Redakteurin und Autorin für verschiedene Frauenzeitschriften und lebt mit ihren drei Jungs auf dem Land bei Lüneburg. Außerdem liebt sie saftige Rumpralinen, ihren verrückten Kater Pitou und die abstrakte Acrylmalerei.

www.carenscollage.wordpress.com

2. Auflage 2025

– Originalausgabe –

ISBN 978-3-8303-6450-4

Mit Fragen zur Produktsicherheit wenden Sie sich bitte an:
www.carlsen.de/kontakt

Texte: Caren Hodel

Illustrationen: Olena Klejman

Lektorat: Jana Legal

Herstellung: Monika Swirski

PRODUZIERT MIT VERANTWORTUNG

MIX
Papier | Fördert gute Waldnutzung
FSC® C002795
www.fsc.org

ISBN 978-3-8303-3679-2

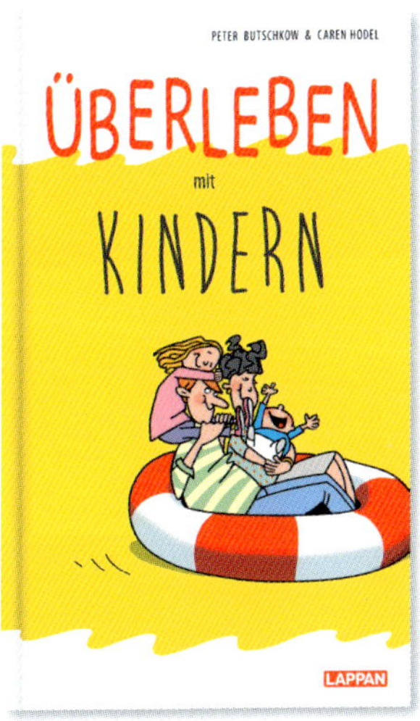

ISBN 978-3-8303-4543-5

ISBN 978-3-8303-6419-1